藜麦

高产栽培技术读本

□ 廖成松 李 飞 运向军 主编

中国农业科学技术出版社

图书在版编目（CIP）数据

藜麦高产栽培技术读本 / 廖成松，李飞，运向军主编 . —北京：中国农业科学技术出版社，2021.1（2024.8 重印）
ISBN 978-7-5116-5113-6

Ⅰ . ①藜… Ⅱ . ①廖… ②李… ③运… Ⅲ . ①麦类作物－高产栽培 Ⅳ . ① S512.9

中国版本图书馆 CIP 数据核字（2021）第 015662 号

责任编辑 李冠桥
责任校对 贾海霞
责任印制 姜义伟　王思文

出 版 者 中国农业科学技术出版社
　　　　　北京市中关村南大街 12 号　邮编：100081
电　　话 （010）82109705（编辑室）（010）82109702（发行部）
　　　　　（010）82109709（读者服务部）
传　　真 （010）82106625
网　　址 http://www.castp.cn
经 销 者 各地新华书店
印 刷 者 北京中科印刷有限公司
开　　本 850mm×1 168mm　1 /32
印　　张 2
字　　数 41 千字
版　　次 2021 年 1 月第 1 版　2024 年 8 月第 2 次印刷
定　　价 18.00 元

《藜麦高产栽培技术读本》
编委会

主 编

廖成松　　李　飞　　运向军

副主编

冯　伟　　陈志婧　　韩阳阳

参编成员

何广礼　　石岩生　　赵玉良

雒树青　　陈玲玲　　罗　磊

诺日吉玛

项目资助

※ 校企合作项目"太仆寺旗藜麦优质品种筛选和优质高效种植技术开发"

※ 中国农业科学院农业科技创新工程（CAAS-ASTIP-2020-IGR-04）

藜麦源自南美洲，是印加土著居民的传统食用植物。因其籽实中富含蛋白质、氨基酸、微量元素等众多人体所需营养物质，被联合国粮农组织认定为可满足人体基本营养需求的唯一种单体植物，并被联合国粮农组织推荐藜麦为适宜人类的完美全营养食品，具有"粮食之母""粮食黄金""超级谷物""素食之王"等众多美誉。

20 世纪 80 年代，西藏农牧学院和西藏自治区农牧科学院首次将藜麦引入我国，试种成功后相继在山西、陕西、青海、吉林、甘肃、河北、内蒙古等地进行广泛种植。随着国内藜麦种植面积的逐步扩大，藜麦多样化产品的不断出现，藜麦产品宣传推广的不断深入，以及人民健康意识的不断提升，藜麦一度成为炙手可热的经济作物。然而，由于引入时间较短，加之市场规模不大，属于小众类农作物，品种选育、栽培技术开发、病虫害防治技术等有关藜麦方面的研究相对滞后。

本书主要收录了近年来藜麦品种选育和高产栽培技术研究的成果，以期为农技推广人员、藜麦种植农户提供技术参考，同时对从事藜麦相关研究的科研工作者有所帮助。

本书的出版得到了甘肃省农业科学院杨发荣研究员，河北省张家口市农业科学院、河北省农林科学院张家口分院张新军博士的大力支持，在此表示衷心感谢。同时，也要特别感谢内蒙古自治区锡林郭勒盟农业科学技术推广站、太仆寺旗教育科技局、太仆寺旗科协、太仆寺旗藜麦产业协会、太仆寺旗金亿达种植专业合作社、内蒙古丰圣翔农牧业发展有限公司对藜麦研究工作的支持和帮助。

由于编者水平有限，书中疏漏之处在所难免，敬请广大读者批评指正。

编　　者

2020 年 9 月

目 录

第四章　产业现状与展望

第一章 绪 论

一、藜麦简介

藜麦（*Chenopodium quinoa* Willd.）是藜科藜属植物，与灰灰菜属于同一科，植物形态极其相似。藜麦植株为单叶互生，叶片呈鸭掌状，叶缘为全缘或锯齿缘；藜麦为两性花，花絮呈伞状、穗状、圆锥状，藜麦种子呈小圆药片状且千粒重较轻（图1-1）。

藜麦原产于南美洲安第斯山脉的哥伦比亚、厄瓜多尔、秘鲁等中高海拔山区，距今已有5 000~7 000年的种植和食用历史，藜麦籽粒是印加土著居民的主要传统食物，由于其具有丰富、全面的营养价值，养育了印加民族，创造了伟大的印加文明，古代印加人称之为"粮食之母"，同时也是祭奠太阳神及举行各种大型活动必备的贡品。

图1-1 藜麦植株

20世纪80年代开始，美国宇航局将藜麦作为宇航员的太空食品。联合国粮农组织认为藜麦是唯一一种单体植物即可满足人体基本营养需求的食物，正式推荐藜麦为最适宜人类的完美的全营养食品，将其列为全球十大健康营养食品之一。联合国还将2013年设为"国际藜麦年"，以促进人类营养健康和食品安全。国际营养学家们将藜麦称为丢失的远古"粮食黄金""超级谷物""未来食品"，还被素食爱好者奉为"素食之王"，是未来最具潜力的农作物之一（图1-2）。

图1-2 藜麦田

二、藜麦的价值

（一）营养价值

藜麦具有丰富的营养价值（图1-3）是唯一全营养碱性食

联合国粮农组织(FAO)特别推荐的
最适于人类的完美的"全营养食品"
美国宇航局选定的
人类未来移民外太空的理想"太空粮食"
唯一单体植物即可满足人类全部基本营养需求的食物
唯一包含了动植物所有营养成分的主粮

☑ **蛋白质含量高**
☑ **氨基酸组成平衡**
☑ **矿物质和维生素丰富**
☑ **富含特殊的化学成分或生物活性物质**

图 1-3　藜麦营养价值丰富

物，其胚芽占种子的 30%，且具有营养活性，优质藜麦的蛋白质含量高达 16%~22%（牛肉的为 20%），有研究表明，藜麦蛋白的主要成分是清蛋白和球蛋白（占总蛋白质的 44%~77%），醇溶蛋白和谷蛋白含量较低，所以藜麦蛋白溶解性好，容易被人吸收利用。藜麦蛋白的品质在某种程度上与脱脂奶粉、肉类相当，因而是素食主义者的良好选择。藜麦的纤维素含量高达 10~20 克 /100 克，日常饮食中适当摄入藜麦能有效缓解由于精粮摄入太多导致纤维素摄入量不足而出现便秘、身体肥胖的不良症状，从而促进肠胃蠕动，延缓血糖、血脂升高的速度，尤其适合中老年群体。与水稻（77.9%）、小米（76.1%）和小麦（75.2%）等粮食作物相比，藜麦中的淀粉含量较低，为 49.3%（表 1-1），因而适合减肥瘦身人士和糖尿病患者食用。藜麦脂肪成分中富含人体所需的不饱和脂肪酸，藜麦油组成与玉米油和大豆油相似，是油料作物的潜在资源。

表1-1　藜麦与常见谷物营养成分含量比较　　（克/100克）

项目	藜麦	小麦	水稻	小米	玉米	荞麦米
蛋白质	14.9	11.9	7.4	9.7	8.8	9.3
粗脂肪	5.9	1.3	0.8	1.7	3.8	2.3
膳食纤维	11.1	10.8	0.7	0.1	8.0	6.5
淀粉	49.3	75.2	77.9	76.1	—	1.4

　　藜麦蛋白质中氨基酸种类稳定，含有人体所需的全部9种必需氨基酸，比例适当且易于吸收，特别是第一限制性氨基酸——赖氨酸的含量超越所有谷物。赖氨酸、苏氨酸、组氨酸在与包括小麦、水稻、小米等谷类作物相比较中均含量最高（表1-2）。

表1-2　藜麦与常见谷物必需氨基酸含量比较　　（毫克/克 蛋白质）

氨基酸	藜麦	小麦	水稻	小米
赖氨酸	59.0	21.9	32.9	19.6
异亮氨酸	40.3	32.4	40.4	43.6
亮氨酸	65.1	67.5	77.3	129.6
蛋氨酸	13.3	14.0	20.5	32.3
苏氨酸	38.4	27.2	33.2	36.3
缬氨酸	48.5	41.1	53.9	53.7
苯丙氨酸	39.8	49.3	53.3	54.9
组氨酸	29.0	18.9	20.4	18.7

　　氨基酸评分是1973年由世界卫生组织（WHO）和联合国粮农组织提出的，将样品中氨基酸含量换算为每克蛋白质中氨

基酸毫克数，再与世界卫生组织的参考蛋白质中同种必需氨基酸的推荐数值进行比较，计算氨基酸评分(AAS)，计算公式为：AAS=$P1/P2$（式中：$P1$ 表示待测蛋白质氨基酸含量，毫克/克蛋白质；$P2$ 表示联合国粮农组织/世界卫生组织评分模式氨基酸含量，毫克/克 蛋白质）。AAS 分值越接近100，说明样品中的必需氨基酸含量与评分模式中该必需氨基酸含量比值越接近，蛋白质的营养价值也就越高。与小麦、水稻、小米相比，藜麦中的大部分必需氨基酸含量与评分模式中该必需氨基酸含量比值十分接近（表1-3），说明藜麦是接近理想蛋白质的粮食。

表 1-3　藜麦与常见谷物必需氨基酸评分（AAS）比较

氨基酸	藜麦	小麦	水稻	小米
赖氨酸	108	40	60	40
异亮氨酸	102	80	110	110
亮氨酸	96	110	110	190
蛋氨酸	54	60	80	130
苏氨酸	100	70	80	90
缬氨酸	98	80	110	110
苯丙氨酸	68	80	90	90

藜麦中钙、镁、磷、钾、铁、锌、硒、锰、铜等矿质营养含量高，平均含量约为小麦的 2 倍，约为水稻和玉米的 5 倍，钾元素的含量是其他作物的 5~10 倍。可见，藜麦是补充矿质元素的理想食物，长期食用藜麦将促进骨骼、牙齿等人体器官发育。并且藜麦中钠元素几乎在 8 毫克/千克检出限以下，其

高钾低钠的特性符合现在营养健康学所提倡的高钾低钠的要求，能有效预防和降低高血压和心血管疾病的发病率，有利于中老年群体的身体健康。根据美国国家科学院 2004 年公布的数据表明，100 克藜麦可以满足婴儿和成人每天对 Fe、Mg 和 Cu 的需要，足以满足儿童每日对 P 和 Zn 含量的需求，对于婴幼儿的成长和发育具有重要作用，是婴幼儿辅食或代餐食品的首选原料（表 1-4）。

表 1-4　藜麦与常见谷物矿质元素含量比较　（毫克/千克）

矿质元素	藜麦	小麦	水稻	小米
K	10 479.0	2 890.0	1 120.0	2 840.0
Ca	591.0	340.0	80.0	410.0
Cu	7.0	4.3	2.5	5.4
Mn	54.0	31.0	11.3	8.9
Mg	2 036.0	40.0	310.0	1 070.0
Fe	70.0	51.0	11.0	51.0
Zn	35.0	23.3	15.4	18.7
P	4 887.0	3 250.0	1 120.0	2 290.0
Na	*	68.0	18.0	43.0

注：* 指未检出（检出限 8 毫克/千克）。

藜麦中还富含类黄酮、B 族维生素和维生素 E、胆碱、甜菜碱、叶酸、α-亚麻酸、β-葡聚糖等多种有益化合物。藜麦的维生素 B_1、维生素 B_6、总叶酸、总胆碱、甜菜碱、Omega-3 脂肪酸、Omega-6 脂肪酸均明显高于荞麦，而维生素 E、叶黄素+玉米黄素、β-胡萝卜素只存在于藜麦中，荞麦中均未检测出（表 1-5）。

表 1-5 藜麦与荞麦部分营养成分含量比较 （毫克）

项目	藜麦	荞麦
维生素 B_1（硫胺素）	0.36	0.10
维生素 B_5（泛酸）	0.80	1.20
维生素 B_6	0.49	0.21
维生素 E（总生育酚）	7.42	—
维生素 K	1.10	1.90
总叶酸	184.00	30.00
总胆碱	70.00	20.10
甜菜碱	630.00	0.50
叶黄素＋玉米黄素	163.00	—
β-胡萝卜素	8.00	—
Omega-3 脂肪酸	307.00	78.00
Omega-6 脂肪酸	2 977.00	961.00

（二）饲用价值

在南美洲安第斯山脉地区，用藜麦饲喂家畜从史前就已经开始了，利用部分包括藜麦的籽实和其收获、加工后的副产品，如麸皮、秸秆等。藜麦的主要产品是籽实，可用于饲喂家畜，提供蛋白质，改善饲料中的氨基酸平衡。藜麦秸秆也可以用于饲喂家畜，虽然蛋白质和氨基酸含量与其他部分相比并不高，但是中性洗涤纤维（NDF）含量较高，达到 54.87 克/100克（表 1-6），与青贮玉米的 NDF 相当（57.84 克/100 克），具有相当高的饲用价值。因此，藜麦收获籽实之后的秸秆可作为优质饲料的原材料，而在气候和土壤条件特别恶劣的地区，可直接将藜麦作为青贮饲料原料加以种植，短周期生长后收获全株用于饲喂家畜，显著增加藜麦种植的复合经济效益。

表1-6　藜麦与苜蓿、玉米青贮饲用营养价值比较　（克/100克）

作物	粗蛋白质（CP）	干物质（DM）	中性洗涤纤维（NDF）	酸性洗涤纤维（ADF）
藜麦籽粒	18.30	75.34	8.19	2.52
藜麦植株（成熟期）	16.00	61.27	30.20	14.50
藜麦秸秆	7.20	64.80	54.87	24.48
苜蓿干草	13.45	93.00	45.45	31.88
玉米青贮	8.68	89.58	57.84	33.94

三、藜麦的保健功能

在常见谷物食品中赖氨酸含量很低，而藜麦氨基酸中赖氨酸含量却很高，是常见禾谷类作物的2~3倍。赖氨酸是肝及胆的组成成分，对于促进人体大脑发育、脂肪代谢，调节松果腺、乳腺、黄体及卵巢，防止细胞退化等有重要作用。

藜麦不仅富含优质蛋白、氨基酸、微量元素、维生素等营养物质，具有重要的营养价值，黄酮类、多酚类、槲皮素、异槲皮素、芦丁、皂苷等功能性成分的含量也很高，具有降血糖、抗氧化、缓解炎症、减脂等多种生理活性，具有提高人类健康，预防癌症、过敏、炎症及降低心血管疾病的功效。

研究结果表明，藜麦约含2.4%的可溶性纤维，11.0%的非可溶性纤维，二者之和为总膳食纤维，其含量约为13.4%。可溶性和非可溶性两种纤维素对调节血糖水平、降低胆固醇和保护心脏都有非常重要的作用。另外，因藜麦富含的膳食纤维吸水能力很强，煮熟后体积增大3~4倍，可显著增强摄入者的饱腹感，在相同条件下显著减少进食量，从而有助于降低和控制体重。食用藜麦对调节人体果糖代谢过程也具有重要作用，从而在氧化应激反应中起到重要作用，对心脏、肝脏、肾脏等重要器官具有良好的保护作用。藜麦的低糖、低热量属性，能显著降低长期服用者的血糖、血脂数值。因此，藜麦对于"三高"人群、肥胖人群以及糖尿病患者而言是一种理想的健康食物。

藜麦与小麦、荞麦等谷类作物明显不同，它与甜菜同科，被称为"假谷物"，几乎不含各类麸质成分，对于麸质过敏的特定人群，比如乳糜泻（一种麸质不耐受肠道疾病）患者，藜麦给他们带来了"福音"，是他们绝佳的营养来源。

综上所述，藜麦具有重要的保健功能，可缓解和预防各类疾病，特别是对心脏、肝脏、肾脏等重要器官具有保护作用，对于婴幼儿、孕产妇、儿童、青少年、老年人等特殊体质和生活不规律人群，长期食用，保健效果显著。

四、藜麦的食用方法 *

（一）熬粥与焖饭

比较常见的藜麦单独食用方式为煮粥，在滚水中煮沸 10~15 分钟，其籽粒膨胀，随后变为半透明状即可。如使用电饭煲做藜麦焖饭时，水量要比平时焖饭时稍多一些。另外，藜麦是复合淀粉高膳食纤维食物，蒸前需要较长时间吸足水分才容易变软，因而，在蒸制之前，需要提前浸泡几个小时。藜麦焖饭有多种选择，可混合其他食物一起食用，例如，五彩藜麦

---

* 注：本节图片由杨发荣提供。

饭、藜麦八宝饭、藜麦桂圆粥、藜麦玉米饭、藜麦小米粥、藜麦大米粥、藜麦燕麦粥、白面藜麦、荞面藜麦等（图1-4）。

图1-4 藜麦粥与藜麦饭

（二）煮 汤

藜麦有清香味道，比较适宜与其他材料一起煲汤，与鱼类及肉类搭配时还能有效地去除腥味，常见的有藜麦黄豆排骨汤、藜麦鲫鱼汤、藜麦鲍鱼汤、藜麦菠菜番茄汤、藜麦丝瓜汤、藜麦草菇汤、藜麦鸡丝汤、藜麦番茄牛肉汤、藜麦苋菜汤（图1-5，图1-6）。

图1-5 藜麦黄豆排骨汤

图1-6 藜麦豆角番茄汤

（三）搭配其他食材

　　藜麦与其他食材搭配使用时，一般先将藜麦煮熟后再与其他食材搭配烹饪，常见的有海参浇藜麦（又名海陆双尊）、藜麦扒鲍鱼、藜麦拌香椿、藜麦水果沙拉、藜麦粉蒸肉、藜麦红豆南瓜粽子、藜麦腊肉粽、藜麦鸭肉粥、藜麦糕、藜麦鳕鱼，也可以将藜麦催芽后再配合其他食材食用，充分利用胚乳的营养，食用价值更高（图1-7）。

图1-7　藜麦与各种食材搭配成品

（四）藜麦饮品

　　藜麦还可单独或者与其他适合做饮品的材料一起磨米糊或者浆后配制成饮品，非常香甜可口，常见的有藜麦浆，藜麦与各类水果混合成果汁饮品，例如，藜麦西瓜汁、藜麦杧果汁、藜麦火龙果汁、藜麦玉米汁、藜麦橘子汁。另外，藜麦与豆类

图 1-8　藜麦饮品

可混合制作成藜麦豆浆等（图 1-8）。

（五）藜麦茶

藜麦还可以制作成茶品，常见的做法是将藜麦先炒熟，直至呈金黄色，散发出独特的香味，在冷凉干燥处保存。食用时，可单独使用开水冲饮，或者作为奶茶等日常饮品中的配料添加，坚持每日饮用一定量的藜麦茶，具有强身健体的功效（图 1-9）。

图 1-9　藜麦茶

第二章 藜麦的生育期

　　一般将"种子萌发—长成幼苗—产生新的种子"的整个周期，称为全生育期（图2-1）。藜麦的全生育期需要经历几个重要阶段，主要包括播种期、苗期、分枝期、显穗期、开花期、灌浆期和成熟期，以50%植株进入此时期为依据。一般来说，藜麦的全生育期为110~150天，视不同品种和不同种植地区的气候条件而定。

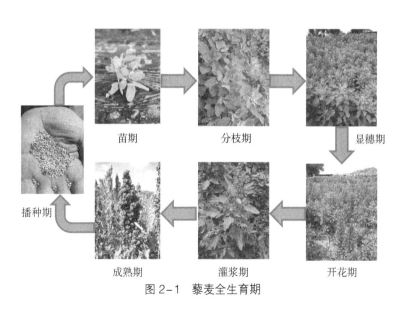

图2-1　藜麦全生育期

一、播种期

种子萌发至子叶出土前，历时 8~9 天，播种适宜时间为 5 月下旬至 6 月上旬，因各地气温不同略有差异。

这一时期播种量和播种深度是影响藜麦产量的重要因素。播量适宜是保证藜麦高产的必要条件之一，播量过小易浪费土地，导致缺苗断垄，播量过大易影响幼苗发育，导致生长缓慢，影响产量。播种深度过浅，易造成不出苗或者出苗不齐，根系较浅。不利于抵御大雨和大风，极易导致生长后期的倒伏，严重影响产量。播种过深，容易导致出苗晚，形成弱苗，影响藜麦的产量和后期品质形成。因此，在种植藜麦的过程中，应加强对播种量和播种密度的控制。

二、苗　期

全田 50% 籽粒子叶出土为标志，叶边缘为紫色，细长形（播种后 10~12 天出苗）。2~3 叶进行间苗处理，5~6 叶进行定苗、锄草等田间管理。

由于苗期植株幼小，根系较浅，抗旱能力较弱，对于干旱少雨地区，水分是影响藜麦苗期生长的重要因素，水分给予不及时会降低成活率。因此，在苗期要特别注意水分控制，适时浇水是后期产量的保障（图 2-2，图 2-3）。

图 2-2　旱地幼苗

图 2-3　覆膜幼苗

三、分枝期

全田 50% 植株主茎生长、侧枝发生和生长，侧枝叶腋处开始有小叶发生，节间明显伸长（播种后 40~60 天）。

　　藜麦分枝期间地上部分重量不平衡，锄草时应及时给根部培土，稳固根系，防止后期倒伏。

　　藜麦分枝期是藜麦形态建成的关键时期，而有效分枝数则是藜麦产量形成的重要构成因素。影响分枝数的主要因素是肥力，通过喷施一定浓度的液体肥可以调节植株分枝数量，有利于后期产量的形成（图2-4，图2-5）。

图2-4　分枝前期　　　　　　　图2-5　分枝后期

四、显穗期

　　以顶穗形成为主，侧枝穗开始发生为主要特征（播种后60~80天）。

影响藜麦显穗的主要因素包括水分、养分等。显穗是藜麦产量的初期象征，是保证收获的重要途径。因此，这一时期，对水分和养分的综合调控是藜麦高产的关键所在，应特别注意（图2-6）。

图2-6 藜麦显穗期

五、开花期

顶穗开花为主，侧枝穗继续发生并相继开花（播种后80~100天）。

开花期是藜麦营养生长转向生殖生长的关键时期（图2-7），

此阶段生理活动旺盛，干物质累积最多、最快，需要消耗大量的水分和养分，适时灌水并可少量追肥，有利于后期产量的形成。

图 2-7　藜麦开花期

六、灌浆期

顶穗、侧枝相继灌浆，果穗开始充实、变沉，穗形由松散变为紧凑；此时期穗开始转色及成型，株高不再增加，穗重、粒重增加较快（播种后 100~120 天）。

灌浆期是果穗干物质含量最大的时期（图 2-8），这一时期对养分的需求较大，高质量的养分管理措施有利于藜麦的灌浆，进而增加籽粒的饱满程度，有效保障产量的形成。

图 2-8 藜麦灌浆期

七、成熟期

分为乳熟期、蜡熟期和完熟期 3 个阶段，茎秆由绿色或紫色变黄，整株叶片从下往上开始逐渐脱落时进入成熟期（图2-9 至图 2-12），这个时期依据天气情况可以进行收割（播种后 110~150 天）。

图 2-9　成熟期藜麦田

图 2-10　红藜

图 2-11　白藜

图 2-12　黑藜

第三章 高产栽培管理技术

土壤、品种、光照、水分、养分、病虫草害都会影响藜麦的生长发育和产量的形成。因此，在高产栽培藜麦过程中，要综合考虑上述6个方面的因素。整体而言，要想取得高产，一方面应因地制宜地选用优良品种，特别是抗旱、抗倒伏的当地品种；另一方面要通过田间综合资源管理，包括水分、养分、调节藜麦生育时期等综合措施，创造适宜藜麦生长发育的外部环境条件。

一、种植地块选择

种植地所在区域要求无霜期在100天以上，海拔1 500米以上，降水量300毫米以上，最高温度不高于32℃。同时，应对地块的土壤特性、光照条件、通风状况等要素加以考虑，避免环境对藜麦的种植效果造成影响，满足其增产要求。

种植藜麦要选择地势较高、阳光充足、通风条件好、肥力较好、排水良好的岭地、二阶地，严禁在阴暗湿润、通风采光条件差的河滩地、沟坎地栽种。瘠薄的沙性或碱性土壤均可生长，但以肥沃的中性土壤最为适宜（图3-1）。

图 3-1 适宜种植的坡地

二、种植地块整理

北方地区而言，整地时间一般是在土地解冻之后，对土地进行深耕并施入有机肥和氮磷钾复合肥，然后，根据地势情况作畦。整地质量直接影响到能否苗全苗壮，春播要提前犁耙整地，夏播要及时旋耕，达到"深、净、细、实、平"，不能有明暗坷垃。在秋季要对藜麦生长区域进行深翻处理，然后利用旋耕镇压的方式进行整地，增强藜麦栽培种植区域地面的平整性，为其生长创造有利的条件。播种前降雨及时耙糖，做到上虚下实，干旱时只耙不耕，并进行压实处理。

整地的作用包括以下 3 个方面：第一，整地能有效地改进土壤物理性质，增加水、气通透性，利于种子萌发及根系伸展；第二，通过整地增进土壤持水能力，促进土壤风化和有益微生物的活动，利于养分含量的提高；第三，通过整地将土壤病菌、害虫暴露地表，可在一定程度上预防病虫害的发生（图 3-2）。

播前深耕

平整土地   覆膜播种

图 3-2 种植地块整理

三、优良品种选择

优良品种对提高作物产量和品质具有显著作用，同时，在改革耕作制度、提高复种指数方面具有重要的意义。另外，优良品种在减轻或避免某些自然灾害和病虫害造成的损失方面有特殊的意义。从某种程度上来说，优良品种决定了作物的产量和品质。

我国藜麦品种的选育工作尚处于起步阶段，截至目前，公开查询到经过国家或者地方农作物品种审定委员会审定的品种仅有 12 个。

（一）陇藜 1 号

甘肃省农业科学院选育，2015 年通过甘肃省农作物品种审定委员会审定（认定编号：甘认藜 2015001），中晚熟品种。高产、耐旱、耐寒、耐瘠薄、适应性广，抗倒伏，总体抗病性好，特别是抗霜霉病和叶斑病。株高 180~220 厘米，生育期 128~140 天，千粒重 2.4~3.5 克，平均亩（1 亩约为 667 平方米，全书同）产 130~150 千克。该品种适宜在无霜期大于 140 天，降水量 250 毫米以上，海拔 1 500~3 000 米的山地、川地及灌溉区种植（图 3-3）。

（二）陇藜 2 号

甘肃省农业科学院选育，2016 年通过甘肃省农作物品种审定委员会审定（认定编号：甘认藜 2016004），晚熟品种。抗倒伏、抗病性好，特别是抗叶斑病和霜霉病。株高 190~250 厘米，千粒重 2.9~3.3 克，生育期 160 天左右，平均亩产 160~180 千克。适宜在温带大陆性季风气候，年平均降水量

250~400 毫米，无霜期大于 160 天及气候条件类似的区域推广（图 3-4）。

图 3-3 陇藜 1 号

图 3-4 陇藜 2 号

（三）陇藜 3 号

甘肃省农业科学院选育，2016 年通过甘肃省农作物品种审定委员会审定（认定编号：甘认藜 2016005），早熟品种。抗倒伏、抗病性好，特别是抗叶斑病和霜霉病。株高 110~165 厘米，千粒重 2.3~2.7 克。生育期 96~116 天，平均亩产 150~160 千克。适宜在温带大陆性季风气候、年平均降水量 200~600 毫米，无霜期大于 120 天及气候条件类似区域种植（图 3-5）。

（四）陇藜 4 号

甘肃省农业科学院选育，2016 年通过甘肃省农作物品种审定委员会审定（认定编号：甘认藜 2016006），早熟品种。抗倒伏、抗病性好，特别是抗叶斑病和霜霉病。株高 130~180 厘米，千粒重 2.9~3.4 克，生育期 128~140 天，平均亩产 170~195 千克，适宜在温带大陆性季风气候、年平均降水量 200~600 毫米，无霜期大于 140 天及气候条件类似区域种植推广（图 3-6）。

图 3-5　陇藜 3 号　　　　图 3-6　陇藜 4 号

（五）条藜1号

甘肃条山农林科学研究所和甘肃省作物遗传改良与种质创新重点实验室联合选育，2016年通过甘肃省农作物品种审定委员会审定（认定编号：甘认藜2016001），中早熟品种。耐旱、耐寒、耐瘠薄、耐盐碱、耐霜霉病、抗倒伏。株高150~180厘米，千粒重2.8~3.5克，生育期124~132天，平均亩产170~200千克，适宜在温带大陆性季风气候、年平均降水量200~600毫米、海拔1500米以上、无霜期大于110天以上地区及同类生态区种植。

（六）条藜2号（大白藜）

甘肃条山农林科学研究所选育，2016年通过甘肃省农作物品种审定委员会审定（认定编号：甘认藜2016002），早熟品种。耐旱、耐寒、耐瘠薄、耐盐碱、耐霜霉病、抗倒伏。株高120~160厘米，千粒重3.9~4.6克，生育期110~115天，平均亩产180~200千克，适宜在温带大陆性季风气候、年平均降水量200~600毫米、海拔1600米以上、无霜期大于105天以上地区或相似的生态区域种植。

（七）冀藜1号

张家口市农业科学院、河北省农林科学院张家口分院选育，2017年通过专家鉴定（系圃号：2010xsg48-2-8），中熟品种。抗旱、耐瘠性强，不耐高温和雨涝，中等抗倒伏，株高190厘米左右，千粒重2.8克左右，生育期104天左右，一般旱地种植平均亩产180~200千克，适宜在河北省坝上地区的旱坡地、旱滩地种植，也可在山西、内蒙古同类型区应用（图3-7）。

图 3-7　冀藜 1 号

（八）冀藜 2 号

张家口市农业科学院、河北省农林科学院张家口分院选育，2017 年通过专家鉴定（系圃号：2010QA13-7-6），晚熟品种。抗旱、耐瘠性强，不耐高温和雨涝，抗倒伏能力强。株高 150 厘米左右，千粒重 2.7 克左右，生育期 110 天左右，一般旱地种植平均亩产 180~200 千克，适宜在河北省坝上地区的旱坡地、旱滩地种植，也可在山西、内蒙古同类型区应用（图 3-8）。

图 3-8 冀藜 2 号

（九）青藜 1 号

青海三江沃土生态农业科技有限公司和山西稼祺农业科技有限公司选育，2016 年通过青海省农作物品种审定委员会审定（审定编号：青审藜 2016001），中早熟品种。适应性强，根系较发达，抗倒伏性能较强。耐旱性、耐寒性、耐盐碱性较好。株高 170~180 厘米，千粒重 3.3~3.7 克，生育期 120~150 天，平均亩产 200~300 千克，特别适宜柴达木盆地灌区种植，在全国多点试种均表现良好，但其他地区引种要经过试验，不可盲目大面积种植。

（十）青藜 2 号

青海省农林科学院选育，2016 年通过青海省农作物品种审定委员会审定（审定编号：青审藜 2016002），早熟品种。适应性强，根系较发达，抗倒伏性能较强。耐旱性、耐寒性、耐盐碱性较好。株高 170~180 厘米，千粒重 3.2~3.8克，生育期 120~130 天，一般水肥条件下亩产 150~200 千克，高水肥条件下亩产 200~250 千克。适宜在青海省柴达木灌区推广种植，在全国多点试种均表现良好，但其他地区引种要经过试验，不可盲目大面积种植。

（十一）蒙藜1号

中国农业科学院作物科学研究所和内蒙古益稷生物科技有限公司联合选育，通过 3 年的品种试验、1 年区域试验，于 2016 年在内蒙古呼和浩特市、包头市、乌兰察布市完成了品种登记。2012 年种植 40 亩，2013 年种植 100 亩，2014 年种植 400 亩，2015 年种植 2 200 亩。适宜在内蒙古及其周边气候条件相似地区种植。

（十二）条藜3号

甘肃条山农林科学研究所和甘肃农业大学农学院联合选育，2016 年通过甘肃省农作物品种审定委员会审定（认定编号：甘认藜 2016003）。其他信息不详。

四、藜麦播种技术

播种层的土温稳定在 10℃以上时，播种较为适宜。一般在 5 月中旬至 6 月初播种，山坡地遇雨可播。如提前播种，可采用覆膜栽培。

（一）播种土壤含水量

播种时土壤必须保持良好的墒情，以播种层含水量 15%~20% 为宜。

（二）播种深度

在墒情良好时，播种深度应在 1~2 厘米，墒情较差时可适当加深，但不宜超过 4 厘米。

（三）播种方式

根据土壤条件和生产习惯可采用撒播、条播、育苗移栽或穴播。一般以裸地条播和覆膜穴播效果较好，墒情较差时要播后镇压。播种手段方面可采用人工播种或播种机播种，规模化种植以播种机播种为主（图3-9，图3-10）。

生产实际中，较为普遍的种植方式有一垄双行和单垄单行2种（图3-11，图3-12）。

图3-9　裸地条播

图3-10　覆膜穴播

图3-11　单垄单行

图3-12　一垄双行

（四）播种量与密度

撒播：用种量约为 1.5 千克/亩；条播：0.4 千克/亩；覆膜播种：0.3 千克/亩（5~8 粒/穴）。

栽培行距 40 厘米，株距 30 厘米，每亩保苗 7 400 株左右；在干旱区或土壤瘠薄地区，栽培行距 30 厘米，株距 25 厘米，每亩保苗 8 500 株左右（图 3-13，图 3-14）。

图 3-13　行距

图 3-14　株距

五、田间管理技术

（一）间苗

间苗的作用：一是扩大幼苗的营养面积，扩大其间距，使幼苗间空气流通，日照充足，有利于培育壮苗。二是选优去劣的作用，即选留强壮幼苗，拔去生长柔弱、徒长或畸形幼苗，还可除去混杂其间的其他品种或种属的幼苗。三是间苗的同时还可进行田间杂草清除。

间苗的方法：留强去弱，分次进行。第一次间苗时间一般在3~4叶时期（图3-15），覆膜穴播时，每穴留2株壮苗。5~6叶时进行最后一次间苗叫定苗，按照株行距留最壮苗，覆膜穴播时每穴留1株。间苗后灌溉一次，使土壤与根系紧接。

图3-15　第一次间苗

（二）补苗

藜麦出苗后，要及时查苗，发现漏种和缺苗断垄时，应及时采取措施进行补种。对少数缺苗断垄处，可在幼苗4~5叶时雨后移苗补栽。移栽后，应适度浇水，确保成活率。对缺苗较多的地块，采用催芽补种或育苗移栽，先将种子浸入水中

3~4 小时，捞出后用湿布盖上，放在 20~25℃条件下遮光孵育 10 小时以上，然后开沟补种。

（三）施肥

早春土壤刚解冻时施足底（基）肥，底肥注意深施入土。底肥尽量使用有机肥，用量为 2~3 米³/亩。无有机肥则施用复合肥，具体施用量依据土壤肥力和前茬作物种类而定，有条件的地方可以采用测土配方技术，即先测定种植地块土壤基础肥力值，然后根据藜麦养分需求特性，结合当地土壤类型和降雨数据，综合计算不同生育阶段藜麦种植地块的施肥量。一般而言，中等肥力地块推荐用量为尿素 8 千克/亩、磷肥 18 千克/亩、钾肥 5 千克/亩，作为基肥一次性在整地时施入。在生长前期不宜浇水追施氮肥，避免后期徒长，生长后期可以适当补充一定比例的磷肥和钾肥，通过喷施叶面肥提高藜麦抗倒伏和籽粒的品质（图 3-16）。

图 3-16 水肥一体化大型喷灌设备

（四）中耕除草

中耕除草的作用包括疏松表土，减少水分蒸发，有效增加土温，促进土壤内的空气流通，加强微生物的活动，促进微生物对土壤养分的分解，提高整齐度，通风透光。

中耕除草方法：在8叶龄时将行间杂草、病株、残株拔掉。幼苗期中耕宜浅。在清垄后，应进行深中耕，切断部分侧根有利于主根深扎，有效防止后期倒伏。中耕时株行中间处深，近植株处浅；藜麦植株长成后完全停止中耕，避免损伤植株导致减产。

中耕除草注意事项：除草要在杂草发生之初尽早进行。杂草开花结实之前必须完全清除干净。多年生杂草必须将其地下部分尽可能全部掘出，避免第二年再次发生。另外，最好采用中耕除草追肥一体机，既完成中耕除草，又完成追肥作业，节省成本（图3-17）。

图3-17　中耕除草追肥一体机

（五）灌溉、排水与追肥

藜麦属于耐旱性较强的作物，但在分枝期、显穗期、灌浆期遭遇少雨或连续干旱时，在有灌溉条件的地区，通过适时补充水分可显著增加藜麦的产量。在藜麦生长后期，灌溉的同时配以叶面肥，特别是微量元素叶面肥，有助于提高籽粒微量元素含量，显著改善藜麦品质（图3-18）。

图3-18　灌溉与追施叶面肥

同样，在上述时期遭遇连续大量降水或短时强降雨，也一定要做好排水工作，及时排掉藜麦地块的积水，确保藜麦地无明显积水和被雨水浸泡的现象，配套排水渠或采取人工挖沟的方法排水。

六、病虫害防治技术

（一）主要病害

根腐病

根腐病使根部变黑腐烂，水分、营养供应不到茎叶，造成叶片发黄，甚至整株枯萎死亡（图3-19）。

图3-19　根腐病

发病原因：田间湿度大，土壤透气性不好，造成病菌侵染。

防治技术：每亩选用土壤改良剂200克或复合微生物肥料1 500克，按一定的稀释比例稀释后灌根，或叶面喷雾防治，严重时可配含腐殖酸水溶肥料100克，诱发生根，促进叶片转绿。

叶斑病

叶斑病使作物被害叶片发生各种局部坏死性病斑，进而导致叶片枯萎死亡，影响叶片的光合作用（图3-20）。

图3-20 叶斑病

发病原因：真菌、细菌、线虫引起。

防治技术：发病初期，可选择喷洒50%多菌灵可湿性粉剂1 000倍液、70%甲基硫菌灵可湿性粉剂500倍液、80%代森锰锌可湿性粉600倍液、75%百菌清可湿性粉剂600倍液，隔7~10天喷施一次，连续喷施2~3次。

霜霉病

霜霉病是由真菌中的霜霉菌引起的植物病害，造成叶片局部坏死，影响叶片的光合作用（图3-21）。

图 3-21 霜霉病

发病原因：真菌性病害，主要通过风和雨水传播。

防治技术：发病初期，可选用10%烯酰吗啉500倍液和80%代森锰锌150倍液混合喷雾防治，喷雾时应尽量把药液喷到基部叶背。进行田间轮作和间作，控制种植密度及改变耕作方式等。

茎腐斑病

茎腐斑病是由腔孢类土壤真菌引起的植物病害，多发生在茎部、花序分枝及花梗处，浅灰色病灶周边有棕色透明晕圈，重症导致叶及花序分枝萎陷。

发病原因：真菌性病害，主要通过风和雨水传播。

防治技术：发病初期，可喷洒 25% 叶枯灵或 20% 叶枯净可湿性粉剂加 60% 瑞毒铜或瑞毒铝铜或 58% 甲霜灵·锰锌可湿性粉剂 600 倍液。后期可喷洒 5% 菌毒清水剂 600 倍液或农用硫酸链霉素 4 000 倍液。

褐茎腐病

褐茎腐病是由马铃薯猝倒病菌变种引起的植物病害，在茎及花序上有 5~15 厘米长条状的黑棕色损伤，并伴有一透明边缘带，可能出现黄萎、脱叶、茎萎缩等症状。

发病原因：真菌性病害，低温、高湿及损伤有利于该真菌繁殖和传播。

防治技术：实施轮作，避免连作；前茬作物收获后及时清理田园周围，切断病原菌的传播。发病时，可选择喷 20% 三唑酮乳油 3 000 倍液，或 50% 苯菌灵可湿性粉剂 1 500 倍液。

立枯病

立枯病又称"死苗"，是由镰孢属和腐霉属真菌引起的植物病害，在藜麦发芽期至子叶形成期极易感染此类真菌，诱发立枯病，发病早期在茎基部或根部出现不规则褐色病斑，随后逐渐加重至幼苗萎蔫直至死亡。

发病原因：真菌性病害。

防治技术：广谱性杀菌剂如五氯硝基苯、多菌灵、立枯灵等拌种剂按干种子重的 0.2%~0.3% 进行拌种。发病初期，可选择喷洒 38% 噁霜嘧铜菌酯悬浮剂 800 倍液，或 20% 甲基立枯磷乳油 1 200 倍液，隔 7~10 天喷 1 次。

灰霉病

灰霉病是由灰霉病菌引起的植物病害，主要发生在藜麦生长后期，在成熟的茎及花序上形成不规则形状灰斑，造成叶片脱落，减少光合作用导致减产。

发病原因：真菌性病害，高温、高湿有利于病菌的繁殖和传播。

防治技术：清洁田园、合理密植。发病初期，可喷施50% 异菌脲可湿性粉剂 1 000~1 500 倍液，5 天用药 1 次，连续用药 2 次。发病中后期，采用 41% 聚砹·嘧霉胺水乳剂 800 倍液 +40% 腐霉利可湿性粉剂 15~20 克，兑水 15 千克，3~5 天用药 1 次。

（二）主要害虫

草地螟

草地螟分布于东北、西北、华北一带，通常在距地面 2~8cm 的茎叶上，喜食叶肉。

防治策略：以药剂防治幼虫为主，结合除草灭卵，挖防虫沟或打药带阻隔幼虫迁移。

田间用药：25% 氰戊·辛硫磷乳油 20~30 毫升 / 亩，5% s-氯氰菊酯、2.5% 氯氟氰菊酯 2 000~3 000 倍液，90% 晶体敌百虫 1 000 倍液。

菜　螟

菜螟又称钻心虫，广泛分布于全国各地，喜食幼苗叶片和心叶，并可传播细菌软腐病。

防治策略：因地制宜进行倒茬或调节播期，结合田间管理，进行人工捕杀等。

田间用药：喷施 40% 氰戊菊酯 5 000~6 000 倍液，或 20% 氰戊菊酯 4 000 倍液，氰戊·马拉松乳油 3 000 倍液，或

50% 辛硫磷可湿性粉剂 1 500 倍液，或 90% 敌百虫晶体，交替喷施 2~3 次，7~10 天 / 次。

红蜘蛛

红蜘蛛又称棉红蜘蛛，广泛分布于河北、北京、河南等地，繁殖能力强，借风传播，发病高峰期为 7—8 月食性杂，可为害 110 多种植物。

防治策略：根据其生物学习性，可采取农业、物理和化学等多种防治措施。

田间用药：240 克 / 升螺螨酯悬剂 4 000~5 000 倍液，20% 四螨嗪可湿性粉剂 2 000 倍液，15% 哒螨灵乳油 2 000 倍液等。

潜叶蝇

潜叶蝇除西藏、新疆、青海、甘肃外，其他各地均有发生。幼虫在叶片或叶柄内取食，形成线状或弯曲盘绕的不规则虫道，从而影响植物光合作用。

防治策略：清除杂草，消灭越冬、越夏虫源，使用黄板、灯光诱杀，纱网防虫等物理化学方法防治。

田间用药：刚出现为害时，可用 40% 乐果乳油 1 000 倍液，或 40% 氧化乐果乳油 1 000~2 000 倍液，或 50% 敌敌畏乳油 800 倍液，或 50% 二溴磷乳油 1 500 倍液，或 40% 二嗪农乳油 1 000~1 500 倍液喷叶片背面，连续 2~3 次。

其他虫害

由于种植区域的气象、土壤等条件差异较大，除了上述主要虫害之外，还有可能遭遇蛴螬、地老虎、蝼蚁等地下虫害以及豆芫菁、小菜蛾等地上害虫的为害，常见的防治措施如下。

地下害虫：在播种前，可用辛硫磷颗粒剂掺和农家肥进行防治，也可在田间施撒毒土或者毒饵进行防治。

地上害虫：可利用成虫的趋光性进行诱杀，也可将 20%氯戊菊酯乳油稀释 1 500~2 000 倍液，在傍晚成虫集中活动时喷雾防治。

七、藜麦收获技术

藜麦种子活性很强，没有休眠期，成熟的籽粒遇水 3~5 小时即开始萌发，若成熟期不及时收获，如遇连绵的降雨会导致未收获的藜麦种子发芽。即使不下雨，早晚的霜露或土壤蒸发的水汽都有可能导致藜麦萌发，在人工割倒之后，临时堆放在地头时应尽量让果穗离地，可以采取将果穗压在前面藜麦的茎秆之上的简易办法，增加通风透气的同时有效隔离籽粒与土壤，避免籽粒由于接触土壤水汽而提前萌发（图 3-22）。

图 3-22 藜麦的人工收割与临时堆放

另外，过早收获会导致种子营养积累不完全，影响种子产量及品质。因此，在正常生理成熟时籽粒变硬，用指甲难以掐破、叶片变色、萎缩、干枯脱落，这时即可开始收获。采用不同收割方式进行收割的效率差别较大（图3-23），人工收割是使用镰刀收割，割取藜麦大小穗即可，但效率最低。目前，规模化种植区域普遍使用不同型号收割机进行收割。

1~2亩/天

2~4亩/天

30~40亩/天

80~100亩/天

图3-23　不同型号收割机对比

图片来源：杨发荣提供。

八、其他技术

（一）防倒伏技术

藜麦普遍株高较高，且后期随着藜麦籽粒成熟，藜麦穗越来越重，呈现"头重脚轻"的现象，极易出现倒伏，尤其是成熟期遭遇大风等恶劣天气时，严重影响产量（图3-24）。

图3-24 田间倒伏的藜麦

因此，在藜麦种植过程中需特别注意防倒伏，主要措施如下。

（1）选择风力较小的地块，避开风道和风口。在藜麦种植区域周围种植其他高秆植物作为保护，用于对藜麦挡风。

（2）耕整土地时，要做到深耕细耙，做到上虚下实，把所有的肥料掩埋到底层，特别是基肥深施，有利于藜麦根系下扎，有效防止后期倒伏。

（3）适时播种并严格控制播种量，对于干旱的地块，先浇地再播种，切勿播后等雨，或者播后再浇地。

（4）合理密植，保证全苗的情况下搭配间苗，一定要把弱苗、小苗连根去除，只留健壮苗，间苗和补苗均宜早不宜晚。

（5）科学合理施肥，邀请当地土肥部门对种植藜麦的地块进行测土，根据测土报告中显示的土壤中所含各种养分余缺状况进行配方施肥。施基肥时要尽量施入适量有机肥，采用高温发酵腐熟后的牲畜粪便或农家肥。

（6）当藜麦幼苗的高度超过30厘米时，进行第二次培土封垄。

（7）藜麦生长中后期应适当控制土壤含水量，尽量少浇水或不浇水，避免晚熟，增加倒伏风险。

（8）成熟期实时关注天气情况，在大风等恶劣天气来临之前及时进行收获，尽可能降低倒伏概率。

（二）脱粒与晾晒

收割后要晾晒风干，让籽粒有一个后熟的过程，这样籽粒更饱满，色泽更一致，用四分离脱粒机脱粒，脱粒后需要及时晾晒。晾晒最好能选择远离沙石的地方，以免沙石混入，如果有条件阴干，效果更佳。没有脱粒机的农户，藜麦晾晒干后需要人工敲打或碾压。籽粒含水量低于12%时及时进行精选包装入库，可保证藜麦籽粒具有很好的商品性和加工品质。

（三）去杂、分选与存储

不同品种藜麦籽粒呈现不同的颜色，通常有红色、黑色、乳白色、黄色，晾晒好后用扇车吹去碎枝叶或扁粒，再通过色选机将不同颜色的藜麦分开，最后将干燥的种子在阴凉、干燥、通风、无鼠的地方贮藏（图3-25）。

图3-25　藜麦色选机

第四章 产业现状与展望

一、国外藜麦产业现状

联合国粮农组织认为藜麦是唯一一种单体植物即可满足人体基本营养需求的食物，将藜麦作为 21 世纪保障粮食安全的农作物之一，正式推荐藜麦为最适宜人类的全营养食品。联合国还将 2013 年设为"国际藜麦年"。藜麦具有丰富的营养价值和突出的保健作用，作为一种有着自身特殊营养组成的"全营养食品"，其预防肥胖、心血管疾病、糖尿病乃至癌症等多种人类重大疾病的功效已得到广泛证实。因而，藜麦广泛应用于食品、日用化工、农业和医药等行业。随着藜麦主食化和多样化发展，新的藜麦产品不断涌现，发达国家对于这种高蛋白、低热量、高生物活性物质食物的需求越来越大。

全球的藜麦原粮 98% 以上来自南美洲，由于需求强劲，2008 年开始几乎每年都供不应求。然而，由于气候、地理、生产条件及政治等原因，藜麦原产地产量有限，2012 年全球产量都不足 10 万吨，且 90% 被发达国家和地区购买，据统计，2010 年国际市场消费排名前三为美国、加拿大、欧洲。2008 年以前藜麦基本保持在 5 万吨左右，2009 年以来全球藜麦种植面积及产量均有较大幅度的增长，到 2013 年全球藜麦产量增长至 10.34 万吨，2014 年全球藜麦在 11.46 万吨左右。

资料显示，1992—2012 年，全球藜麦贸易额由 70 万美元增加到了 1.11 亿美元，年均增长速率达 28.8%。在 2008—2012 年，世界藜麦产量增加了约 2.12 倍，可见藜麦市场正处于上升阶段，上升空间和经济效益仍然巨大。

二、国内藜麦产业现状

（一）我国藜麦种植及产量情况

20 世纪 80 年代末，藜麦被西藏农牧学院和西藏农业科学院引入我国，开始进行适应性种植，成功之后进行了小面积种植。随着国际市场价格不断提升，有效刺激广大农民的种植积极性。多地陆续开始试种并不断扩大种植面积，目前已辐射至山西、河北、青海、吉林、甘肃、黑龙江、内蒙古、四川、山东、江苏、安徽、贵州等省（自治区），据不完全统计，2015 年仅山西、青海、河北、甘肃 4 个省的种植面积就达近 4 万亩。2017 年，全国藜麦种植面积约 2 854 公顷，产量约为 9 820 吨，其中，山西是我国藜麦种植最大省份，种植面积达 1 500 公顷。

随着人们生活水平不断提高，将会更加注重生活质量，关注健康养生，追求绿色、纯天然的产品已成为潮流。基于藜麦较全面的营养价值和重要的保健功能，藜麦种植面积和产量还将稳步提升，藜麦产业也将继续迎来蓬勃发展的良好时机。根据《2016—2022 年中国藜麦市场竞争格局及投资风险深度研究咨询报告》的预测，2022 年我国藜麦产量将达到 2.36 万吨（图 4-1）。

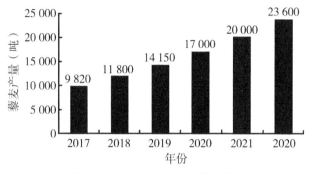

图 4-1　2017—2020 年藜麦产量

注：数据来源于《2016—2022 年中国藜麦市场竞争格局及投资风险深度研究咨询报告》。

（二）藜麦加工业情况

近年来，我国藜麦生产加工企业数量呈现较快增长。全国组织机构信息核查系统数据显示，我国注册的藜麦生产加工企业为 40 家，其中，山西 29 家、青海 3 家、北京 3 家、甘肃 2 家、吉林 2 家、河北 1 家（图 4-2）。

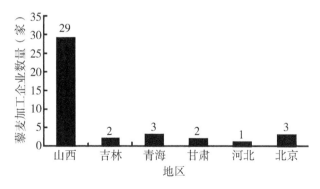

图 4-2　藜麦加工企业数量与分布

数据来源：任贵兴，等，2015.中国藜麦产业现状 [J].作物杂志（5）：1-5。

目前市场上的藜麦产品主要分为三大类：一类是初级藜麦产品，主要有藜麦米、藜麦片、藜麦面粉、藜麦面条等产品；第二类是精深加工藜麦产品，主要有藜麦小分子伴侣、复合肽藜麦粉、藜麦白酒等产品；第三类是专属食品类，包括藜麦营养面、藜麦儿童面等产品。

三、产业发展展望

藜麦产业在我国的发展刚刚起步，产业本身还有很多亟待解决的问题。在栽培育种方面，存在优异种质资源少、优良品种缺乏、配套栽培技术不完善等问题，需要藜麦工作者大力开展引种工作，加快培育优质、高产、广适的藜麦品种，加强配套高产栽培技术研究，同时加快绿色有机食品认证。在生产加工方面，存在专用生产加工设备缺乏、产品结构简单、高附加值产品缺乏等问题，需要加快适应不同生态区域的播种、收获、脱粒及收获后加工设备研发和集成，研发藜麦方便食品、婴儿食品及高附加值功能产品，丰富藜麦的产品形式。在未来藜麦产业发展过程中，需要重点推进以下几个方面的工作。

（一）提高藜麦产业研发投入

多方法、多途径加大藜麦主产国、主产区的引种力度，加强科研团队建设和科研经费的投入，深入开展藜麦新品种的培育和适合不同生态区品种的研制，例如，抗旱、抗倒伏、抗病虫害等品种。对目前引进的品种开展提纯、复壮，并在多地区进行适应性鉴定及评价工作，在各主产区优选出一批适宜当地种植的品种。

通过筛选出适应不同生产区域、不同生产条件的产量高、质量好、稳定优质的品种，配套并完善其高产栽培技术体系，增强其抵抗自然灾害能力，提高其高产、稳产性能。此外，藜麦具有耐旱、耐盐碱等生理特点，深入揭示藜麦抗逆性机制，对于开发和充分利用干旱、盐碱地或者阐释其他植物抗性，对未来农业发展和生态环境保护等均具有重要意义。

（二）促进藜麦产业多形式发展

藜麦作为唯一的单一植物即可满足人体基本营养需求的"全营养食品"，蛋白质含量高，氨基酸组成均衡，矿物质和维生素丰富，同时富含特殊的化学成分和生物活性物质，被冠以"营养黄金""未来食品"等称号。

国内藜麦产业应以多样化市场为导向，在进一步发展和完善藜麦初加工产业的同时，加快藜麦深加工设备及其产品的研制步伐，与国内外高校或科研院所合作，针对藜麦的特色和丰富的营养功能，加大开发特色、保健、专用食品的步伐，丰富藜麦产品，进一步提高藜麦产品附加值，进一步满足市场对藜麦产品多样化需求，持续推动藜麦产业多形式发展（图4-3）。

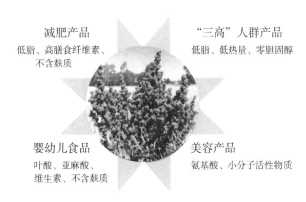

减肥产品
低脂、高膳食纤维素、不含麸质

"三高"人群产品
低脂、低热量、零胆固醇

婴幼儿食品
叶酸、亚麻酸、维生素、不含麸质

美容产品
氨基酸、小分子活性物质

图4-3　藜麦产品开发

（三）加大培育藜麦市场的力度

通过各种渠道，加大藜麦宣传力度，针对藜麦营养价值、保健功能进行广泛地宣传和报道，扩大藜麦的受众面，增加人们对藜麦的了解，扩大潜在的客户群体。通过各级电商、微商平台，加大藜麦推广和销售力度，培育出更广阔的藜麦市场。随着国内藜麦市场的发展，藜麦必将走进更多寻常百姓家（图4-4）。

图4-4　藜麦市场与销售

参考文献

阿图尔·博汗格瓦，希尔皮·斯利瓦斯塔瓦，于晓娜，等，2014.藜麦生产与应用9病虫害［A］.科学出版社.藜麦生产与应用［C］.中国作物学会：18.

包头市种子管理站，（2015-12-30）［2015-12-30］.关于2015年包头市非主要农作物登记通过品种的公示［EB/OL］.http://www.btagri.gov.cn/Article/ Disp.aspid =14431.

蔡云汐，2019.藜麦营养价值分析及保健功效的动物实验研究［D］.济南：山东大学.

曹宁，高旭，陈天青，等，2018.贵州藜麦的种植及病虫害防治［J］.农技服务，35（4）：50-51.

陈志婧，廖成松，（2020-07-24）［2020-07-24］.7个不同品种藜麦营养成分比较分析［J/OL］.食品工业科技. http://kns.cnki.net/kcms/detail/11.1759.ts.20200529.1120.008.html.

黄朝斌，薛维芳，成明锁，2018.藜麦品种青藜1号及高产栽培技术［J］.中国种业（7）：84-85.

黄金，2017.基于藜麦营养及功能成分的健康食品研发［D］.贵阳：贵州大学.

李娜娜，丁汉凤，郝俊杰，等，2017.藜麦在中国的适应性种植及发展展望［J］.中国农学通报，33（10）：31-36.

任贵兴，杨修仕，2015.中国藜麦产业现状［J］.作物杂志（5）：1-5.

申瑞玲，张文杰，董吉林，等，2015.藜麦的主要营养成分、矿物元素及植物化学物质含量测定〔J〕.郑州轻工业学院学报（自然科学版），30（Z2）：17–21.

沈宝云，胡静，郭谋子，等，2019.早熟藜麦新品种条藜2号的选育及栽培技术〔J〕.种子，38（4）：137–140.

沈宝云，李志龙，郭谋子，等，2017.中早熟藜麦品种条藜1号的选育〔J〕.中国种业（10）：71–73.

石振兴，2016.国内外藜麦品质分析及其减肥活性研究〔D〕.北京：中国农业科学院.

孙宇星，迟文娟，2017.藜麦推广前景分析〔J〕.绿色科技（7）：197–198.

王晨静，赵习武，陆国权，等，2014.藜麦特性及开发利用研究进展〔J〕.浙江农林大学学报，31（2）：296–301.

王黎明，马宁，李颂，等，2014.藜麦的营养价值及其应用前景〔J〕.食品工业科技，35（1）：381–384.

王龙飞，王新伟，赵仁勇，2017.藜麦蛋白的特点、性质及提取的研究进展〔J〕.食品工业，38（7）：255–258.

魏爱春，杨修仕，么杨，等，2015.藜麦营养功能成分及生物活性研究进展〔J〕.食品科学，36（15）：272–276.

奚玉银，周海涛，白静，2017.藜麦新品种介绍〔J〕.现代农村科技（5）：107–108.

肖正春，张广伦，2014.藜麦及其资源开发利用〔J〕.中国野生植物资源，33（2）：62–66.

杨发荣，2015.藜麦新品种陇藜1号的选育及应用前景〔J〕.甘肃农业科技（12）：1–5.

于跃，顾音佳，2019.藜麦的营养物质及生物活性成分研究进展〔J〕.粮食与油脂，32（5）：4–6.

张琴萍，邢宝，周帮伟，等，2020.藜麦饲用研究进展与应用前景分析〔J〕.中国草地学报，42（2）：162–168.

ALVAREZ-JUBETE L, ARENDT E K, GALLAGHER E, 2010. Nutritive value of pseudocereals and their increasing use as functional gluten-free ingredients[J]. Trends in Food Science & Technology, 21(2):106-113.

ALVAREZ-JUBETE L, WIJNGAARD H, ARENDT E K, et al., 2010. Polyphenol composition and in vitro antioxidant activity of amaranth, *quinoa* buckwheat and wheat as affected by sprouting and baking [J]. Food Chemistry, 119(2): 770-778.

FILHO A M M, PIROZI M R, DA SILVA BORGES J T, et al., 2017. *Quinoa*: nutritional, functional and antinutritional aspects [J]. Critical Reviews in Food Technology, 57(8): 1618-1630.

GONZÁLEZ J A, EISA S S, HUSSIN S A, et al., 2015. *Quinoa*: An Incan Crop to Face Global Changes in Agriculture[M]. *Quinoa*: Improvement and Sustainable Production.

HIROSE Y, FUJITA T, ISHILL T, et al., 2010. Antioxidative properties and flavonoid composition of *Chenopodium quinoa* seeds cultivated in Japan [J]. Food Chemistry, 119(4):1300 - 1306.

JACOBSEN S E, 2003. The worldwide potential for quinoa (*Chenopodium quinoa* Willd.) [J]. Food Reviews International, 19 (1-2) : 167-177.

JAMES L E A, 2009. *Quinoa* (*Chenopodium quinoa* Willd.):Composition, Chemistry, Nutritional, and Functional Properties [M]. Elsevier Science & Technology.

JANCUROVA M, MINAROVICOVA L, DANDAR A, 2009. Review of current knowledge on *Quinoa* (*Chenopodium quinoa* Willd.) [J]. Czech Journal of Food Science, 27: 71-79.

LAMOTHE L M, SRICHUWONG S, REUHS B L, et al., 2015. *Quinoa* (*Chenopodium quinoa* Willd.) and amaranth (*Amaranthus caudatus* L.) provide dietary fibres high in pectic substances and xyloglucans [J]. Food Chemistry, 167: 490-496.

LINDEBOOM N, CHANG P R, FALK K C, et al., 2005. Characteristics of starch from eight *quinoa* lines [J]. Cereal Chemistry, 82(2): 216-222.

MENEGUETTI Q A, BRENZAN M A, BATISTA M R, et al., 2011. Biological effects of hydrolyzed quinoa extract from seeds of *Chenopodium quinoa* Willd. [J]. Journal of Medical Food, 14(6): 653-657.

NATIONAL ACADEMY OF SCIENCES, 2004. Comprehensive DRI table for vitamins, minerals and macronutrients, organized by age and gender [R]. Beltsville: Institute of Medicine, Food and Nutrition Board.

NOWAK V, DU J, CHARRONDIÈRE U R, 2016. Assessment of the nutritional composition of quinoa (*Chenopodium quinoa* Willd.) [J]. Food Chemistry (193): 47-54.

PASKO P, BARTON H, ZAGRODZKI P, et al., 2010. Effect of diet supplemented with *quinoa* seeds on oxidative status in plasma and selected tissues of high fructose-fed rats [J]. Plant Foods for Human Nutrition, 65(2): 146-151.

PEIRETTI P G, GAI F, TASSONE S, 2013. Fatty acid profile and nutritive value of quinoa (*Chenopodium quinoa* Willd.) seeds and plants at different growth stages [J]. Animal Feed Science and Technology, 183(1-2): 56-61.

REN G X, YANG X S, YAO Y, 2015. Current situation of *quinoa* industry in China [J]. Crops (5): 1-5.

RUALES J, NAIR B M, 1994. Effect of processing on in vitro digestibility of protein and starch in quinoa seeds [J]. International Journal of Food Science & Technology, 29(4): 449-456.

VEGA-GÁLVEZ A, MIRANDA M, VERGARA J, et al., 2010. Nutrition facts and functional potential of quinoa (*Chenopodium quinoa* Willd.), an ancient andean grain: a review [J]. Journal of the Science of Food and Agriculture, 90(15): 2541-2547.